もくじ　文章題・図形4年

いろいろな四角形・直方体と立方体

いろいろな四角形

	四角形の特ちょう	四角形の対角線の特ちょう	面積の求め方
台形	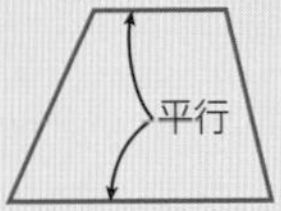 平行	等脚台形 のみ対角線の長さは等しい。	図形の特ちょうを覚えておこう！
平行四辺形	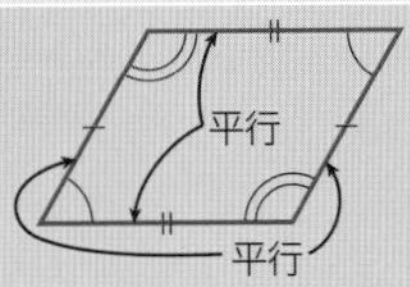 平行 / 平行	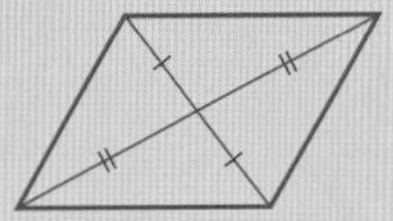	
ひし形	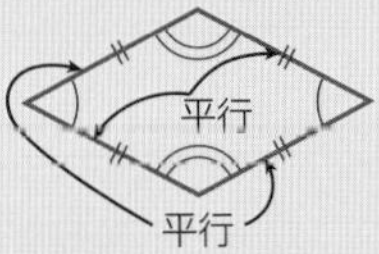 平行 / 平行	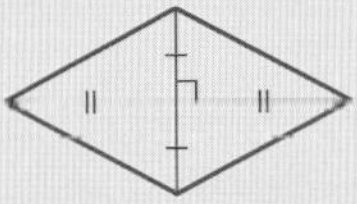	
長方形	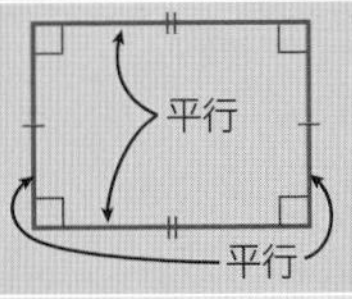 平行 / 平行	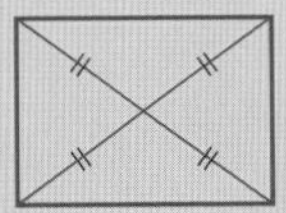	長方形の面積＝たて×横
正方形	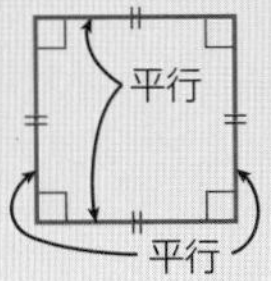 平行 / 平行	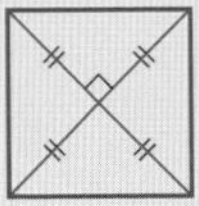	正方形の面積＝１辺×１辺

直方体と立方体

直方体　　立方体

頂点
辺
面

直方体は、長方形だけか、長方形と正方形でかこまれているよ。

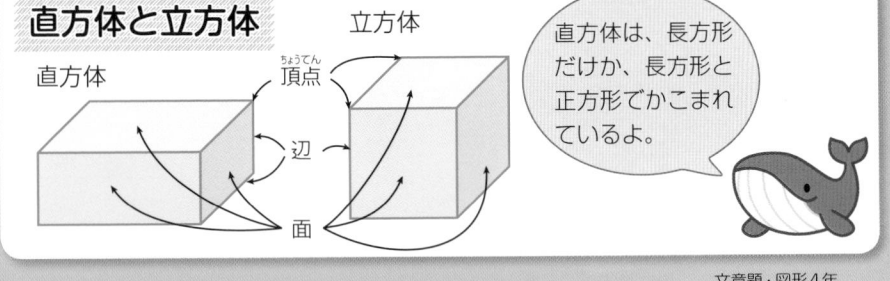

1 大きい数
大きい数のしくみと大小の問題

／100点

1 ▶ ある数を 10 でわると 560 億になります。ある数はいくつですか。 〔25点〕

（　　　　　　　）

2 ▶ 0、1、2、3、4、5 の数字を 1 回ずつ使ってできる 6 けたの整数のうち、いちばん小さい数はいくつですか。 〔25点〕

（　　　　　　　）

3 ▶ ある数を 10 倍すると 310 兆になります。ある数はいくつですか。 〔25点〕

（　　　　　　　）

4 ▶ 1、1、3、5、5、7、9 の数字を 1 回ずつ使ってできる 7 けたの整数のうち、いちばん大きい数はいくつですか。 〔25点〕

（　　　　　　　）

1 大きい数
大きい数のしくみと大小の問題

1 ある数を100でわるところをまちがえて100倍したら、730兆になりました。正しい答えはいくつですか。 〔25点〕

( )

2 0、2、4、6、8の数字を2回ずつ使ってできる10けたの整数のうち、1億の位が6になる数で、いちばん大きい数はいくつですか。 〔25点〕

( )

3 0、1、2、3、4、5、6、7、8、9の10この数字を1回ずつ使ってできる10けたの整数のうち、次の数はいくつですか。

❶ 2番目に大きい数 1つ25〔50点〕

( )

❷ 40億より大きい数のうち、いちばん小さい数

( )

答えは
65ページ

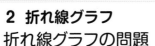

2 折れ線グラフ
折れ線グラフの問題

／100点

1 下の折れ線グラフは、ひろしさんの体重の変わり方を表したものです。

1つ25〔50点〕

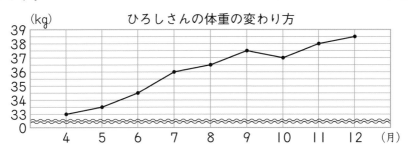

ひろしさんの体重の変わり方

❶ 9月の体重は何kg ですか。

（　　　　　　　）

❷ 体重がいちばんふえたのは
何月と何月の間ですか。

（　　　　　　　）

2 下の表は、ある学校の5年間の児童数の変わり方を調べたものです。これを折れ線グラフにかきましょう。

〔50点〕

児童数の変わり方

年	2018	2019	2020	2021	2022
児童数 (人)	880	920	900	890	870

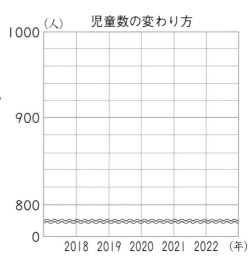

児童数の変わり方

月　　日　　10分

2 折れ線グラフ
折れ線グラフの問題

／100点

1 下の表は、ある日の気温を１時間ごとに調べたものです。これを折れ線グラフにかきましょう。 [28点]

気温の変わり方

時こく (時)	午前			午後			
	9	10	11	0	1	2	3
気温 (度)	18	21	24	25	26	27	25

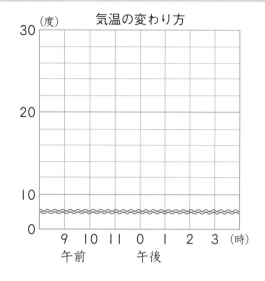

気温の変わり方

2 次のことがらで、折れ線グラフに表すとよいものに○、そうでないものに×を書きましょう。 1つ12[72点]

❶ クラスの人たちの体重 　　　　　（　　　　　）

❷ １日の気温の変わり方 　　　　　（　　　　　）

❸ 県別の人口調べ 　　　　　（　　　　　）

❹ 山の高さ調べ 　　　　　（　　　　　）

❺ 水を温めているときの水温の変化 　　　　　（　　　　　）

❻ ある月のいろいろな地点のこう水量 　　　　　（　　　　　）

答えは
65ページ

3 整理のしかた
整理のしかたの問題

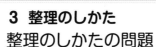

／100点

1 下の表は、ほなみさんの学校の 1 学期にあったけがの種類^{しゅるい}とけがをした場所をまとめたものです。

1つ20〔60点〕

❶ いちばん多いけがの種類は何ですか。

（　　　　　　　）

❷ どの場所でけががいちばん多くおこりましたか。

（　　　　　　　）

❸ ㋐のところに入る数はいくつですか。

（　　　　　　　）

けがの種類とけがをした場所（人）

種類＼場所	校庭	教室	ろうか	かいだん	体育館	合計
すりきず	7	2	3	2	1	
切りきず	4	5	2	0	0	
打ぼく	5	1	1	0	2	
ねんざ	2	0	2	3	1	
はな血	4	2	3	1	2	
合計						㋐

2 下の図を見て、色（白と黒）と形について、下の表にまとめましょう。

〔40点〕

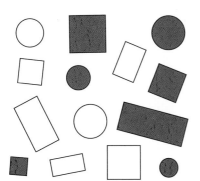

色と形調べ　　（こ）

色＼形	正方形	長方形	円	合計
白	2			
黒				
合計				

3 整理のしかた
整理のしかたの問題

／100点

1 しおりさんのはんで、給食調べをしました。

1つ35〔70点〕

給食調べ　（全部食べた○、残した×）

	しおり	みなよ	えりか	なおこ	あきら	はやと	みのる	まさし
ごはん	○	×	○	○	×	×	○	×
おかず	○	○	○	×	○	○	×	×

❶ 上の表を見て、下の表に、それぞれの人数を書き入れましょう。

両方とも全部食べた	人
ごはんだけ全部食べた	人
おかずだけ全部食べた	人
両方残した	人

❷ 上の表を見て、下の表に、それぞれの人数を書き入れましょう。

給食調べ　（人）

		おかず	
		○	×
ごはん	○		
	×		

2 右の表は、犬とねこの好ききらいを調べてつくりかけた表です。犬もねこもきらいな人は何人ですか。

〔30点〕

犬とねこの好ききらい調べ　（人）

		ねこ		合計
		好き	きらい	
犬	好き	9		12
	きらい			
	合計		10	20

(　　　　　　　)

4 わり算の筆算 (1)
何十、何百のわり算の問題
(2けた)÷(1けた)の問題

10分

/100点

1 80cm のテープを、同じ長さの 4 本に分けると、1 本は何cm になりますか。　　　　　　　　　　　　1つ12〔24点〕

【式】

答え（　　　　　　　　　　）

2 120L の油を、3 つのかんに同じ量ずつ分けます。1 つのかんに何L ずつ入れたらよいですか。　　　　1つ12〔24点〕

【式】

答え（　　　　　　　　　　）

3 72cm のリボンを、4 人で同じ長さずつ分けると、1 人分は何cm になりますか。　　1つ13〔26点〕

【式】

答え（　　　　　　　　　　）

4 52 本のえん筆があります。2 人で同じ数ずつ分けると、1 人分は何本になりますか。　　　　　　1つ13〔26点〕

【式】

答え（　　　　　　　　　　）

4 わり算の筆算 (1)
何十、何百のわり算の問題
(2けた)÷(1けた)の問題

／100点

1 420人を、同じ人数ずつ7つのグループに分けます。1つの
グループは何人になりますか。　　　　　　　　　　1つ12(24点)

【式】

答え（　　　　　　　　）

2 まわりの長さが400mの池があります。
この池のまわりに8mおきに木を植えます。
木は何本いりますか。　　　　　　1つ14(28点)

【式】

答え（　　　　　　　　）

3 おはじきが70こあります。5人で同じ数ずつ分けると、1人
分は何こになりますか。　　　　　　　　　　1つ12(24点)

【式】

答え（　　　　　　　　）

4 96このあめがあります。3人で同じ数ずつ分けると、1人分
は何こになりますか。　　　　　　　　　　1つ12(24点)

【式】

答え（　　　　　　　　）

答えは
66ページ

4 わり算の筆算 (1)
（3けた）÷（1けた）の問題

1 384 このかきを、3つの箱に同じ数ずつ入れました。1つの箱に何こ入れましたか。 1つ12〔24点〕

【式】

答え（　　　　　　　）

2 420 円を、5 人で同じ金がくずつ分けます。1 人分は何円になりますか。 1つ12〔24点〕

【式】

答え（　　　　　　　）

3 128 このおはじきを、8 人で同じ数ずつ分けます。1 人分は何こになりますか。 1つ12〔24点〕

【式】

答え（　　　　　　　）

4 8m36cm のテープを、4 人で同じ長さずつ分けます。1 人分は何m何cm になりますか。 1つ14〔28点〕

【式】

答え（　　　　　　　）

月　日

10分

4　わり算の筆算 (1)
（3けた）÷（1けた）の問題

／100点

1 624まいの工作用紙を、6人で同じ数ずつ分けます。1人分
は何まいになりますか。　　　　　　　　　　1つ12〔24点〕
【式】

答え（　　　　　　　　　）

2 4年生147人が、バス3台に同じ人
数ずつ乗って遠足に行きました。バス1
台には何人乗りましたか。　　1つ12〔24点〕
【式】

答え（　　　　　　　　　）

3 えみさんは364ページの本を、同じページ数ずつ7日間で読
み終えるつもりです。1日何ページずつ読めばよいですか。
【式】　　　　　　　　　　　　　　　　　　1つ12〔24点〕

答え（　　　　　　　　　）

4 12m60cmのリボンを、7人で同じ長さずつ分けます。1人
分は何m何cmになりますか。　　　　　　　1つ14〔28点〕
【式】

答え（　　　　　　　　　）

答えは
66ページ

1 ▶ 87 このくりを 4 人に、同じ数ずつできるだけ多くなるように分けます。1 人分は何こになって、何こあまりますか。　1つ13〔26点〕

【式】

答え（　　　　　　　　　　　）

2 ▶ 365 日は何週間と何日ですか。　1つ13〔26点〕

【式】

答え（　　　　　　　　　　　）

3 ▶ 73 まいの折り紙を 1 人に 6 まいずつ分けると、何人に分けられて、何まいあまりますか。答えのたしかめもしましょう。　1つ16〔48点〕

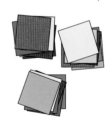

【式】

答え（　　　　　　　　　　　）

たしかめ（　　　　　　　　　　　）

4 わり算の筆算 (1)
あまりのあるわり算の問題

／100点

1 753 このチョコレートを、1 つの箱に 6 こずつ入れていきます。何箱できて、何こあまりますか。 1つ13〔26点〕

【式】

答え（　　　　　　　　　　）

2 おはぎを 150 こ作りました。9 こずつ箱に入れていくと、全部入れるには、箱は何箱いりますか。 1つ13〔26点〕

【式】

答え（　　　　　　　　　　）

3 216 このおはじきを 1 ふくろに 7 こずつ入れていきます。何ふくろできて、何こあまりますか。答えのたしかめもしましょう。

【式】 1つ16〔48点〕

答え（　　　　　　　　　　）

たしかめ（　　　　　　　　　　）

答えは
66ページ

 月 日

 10分

5 角
角の大きさの問題

／100点

1 次の角の大きさを分度器ではかりましょう。　　1つ13〔52点〕

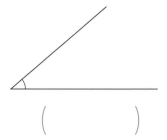

❶　　　　　　　　　　　　　　　　❷

（　　　　　　）　　　　　　　（　　　　　　）

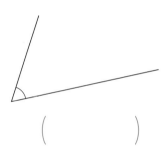

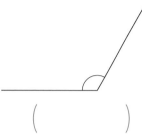

❸　　　　　　　　　　　　　　　　❹

（　　　　　　）　　　　　　　（　　　　　　）

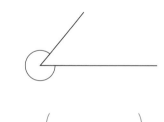

2 下の図は１組の三角じょうぎです。それぞれの角の大きさは
何度ですか。分度器ではかりましょう。　　1つ12〔48点〕

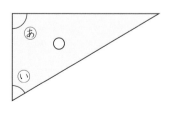

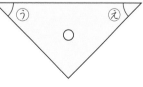

あ（　　　　　　）　い（　　　　　　）

う（　　　　　　）　え（　　　　　　）

5 角
角の大きさの問題

1 下の図は、1組の三角じょうぎを組み合わせたものです。㋐〜㋓の角の大きさは、何度ですか。

1つ10〔50点〕

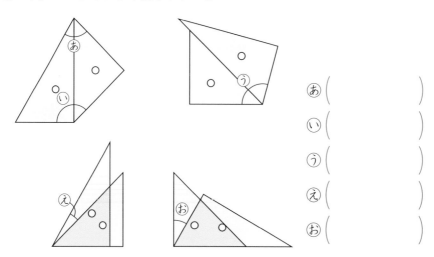

㋐（　　　　　）

㋑（　　　　　）

㋒（　　　　　）

㋓（　　　　　）

㋔（　　　　　）

2 下の図は時計を表しています。短いはりと長いはりのつくる㋐〜㋔の角の大きさは何度ですか。

1つ10〔50点〕

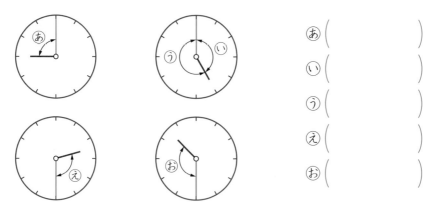

㋐（　　　　　）

㋑（　　　　　）

㋒（　　　　　）

㋓（　　　　　）

㋔（　　　　　）

答えは
66ページ

6 垂直・平行と四角形
垂直・平行の問題

/100点

1 □にあてはまることばを書きましょう。 1つ14〔70点〕

❶ 直角に交わる2本の直線は □ であるといいます。

❷ 1つの直線に垂直な2本の直線は □ であるといいます。

❸ 平行な直線のはばは、どこも □ なっています。

❹ 平行な直線は、どこまでのばしても □ ません。

❺ 平行な直線は、ほかの直線と □ 角度で交わります。

2 右の図を見て、答えましょう。 1つ15〔30点〕

❶ 直線⑦に平行な直線はどれですか。

( )

❷ 直線⑦に垂直な直線はどれですか。

( )

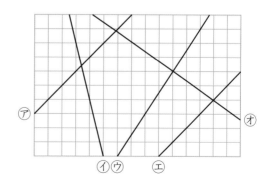

6 垂直・平行と四角形
垂直・平行の問題

 月　日

 ／100点

1 右の図を見て、⑦〜⑦の記号で答えましょう。

1つ15〔30点〕

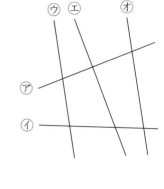

❶ 平行な直線は、どれとどれですか。

（　　　　　　　　　）

❷ 垂直な直線は、どれとどれですか。

（　　　　　　　　　）

2 下の図の、点A を通って、直線⑦に垂直な直線をかきましょう。また、点A を通って、直線⑦に平行な直線をかきましょう。

1つ20〔40点〕

A.

3 右の図の直線⑦と直線⑦は平行で、⑨の角の大きさは 60° です。

1つ15〔30点〕

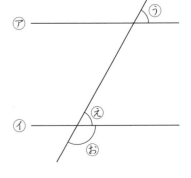

❶ ⓔの角の大きさは何度ですか。

（　　　　　　　　　）

❷ ⓞの角の大きさは何度ですか。

（　　　　　　　　　）

答えは 66ページ

6　垂直・平行と四角形
平行四辺形・台形・ひし形の問題

/100点

1 次の特ちょうをもつ四角形の名前をすべて書きましょう。

❶ 向かい合った 2 組の辺が平行な四角形　　　　　1つ16〔48点〕

(　　　　　　　　　　　　　　　　　　　)

❷ 4 つの角がすべて直角である四角形

(　　　　　　　　　　　　　　　　　　　)

❸ 4 つの辺の長さがすべて等しい四角形

(　　　　　　　　　　　　　　　　　　　)

2 右の図は平行四辺形です。　　　　　　　　　1つ13〔26点〕

❶ あの角の大きさは何度ですか。

(　　　　　　　　　)

❷ 辺CD の長さは何cm ですか。

(　　　　　　　　　)

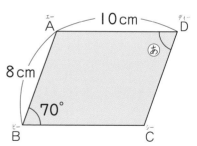

3 右の図は平行四辺形です。　　　　　　　　　1つ13〔26点〕

❶ 向かい合った頂点を結んだ直線を
何といいますか。

(　　　　　　　　　)

❷ 四角形では、❶の直線は何本ありま
すか。

(　　　　　　　　　)

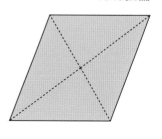

6 垂直・平行と四角形
平行四辺形・台形・ひし形の問題

／100点

1 □にあてはまることばを書きましょう。　1つ10〔40点〕

❶　平行四辺形の向かい合った辺の長さは [　　　] なってい

ます。また、向かい合った角の大きさも [　　　] なってい

ます。

❷　ひし形の向かい合った辺は [　　　] になっています。また、

向かい合った角の大きさは [　　　] なっています。

2 右の図はひし形です。　1つ15〔30点〕

❶　あの角の大きさは何度ですか。

（　　　　　　　）

❷　辺 AD の長さは何cm ですか。

（　　　　　　　）

A
6cm
B　65°　あ　D
C

3 ㋐〜㋓の中から、次の❶、❷にあてはまるものをすべて選んで
記号で答えましょう。　1つ15〔30点〕

㋐　正方形の 2 本の対角線　　㋑　平行四辺形の 2 本の対角線

㋒　ひし形の 2 本の対角線　　㋓　長方形の 2 本の対角線

❶　長さが等しい　　　　　　　　　　　（　　　　　　　）

❷　垂直に交わる　　　　　　　　　　　（　　　　　　　）

答えは
67ページ

7 小数
小数のたし算・ひき算の問題

/100点

1 水が 1.23L と 2.14L あります。水はあわ
せて何L ありますか。　　　　1つ12〔24点〕

【式】

答え（　　　　　　　　　）

2 米をきのう 0.72kg、今日 0.8kg 使いました。2 日間で米を
何kg 使いましたか。　　　　1つ13〔26点〕

【式】

答え（　　　　　　　　　）

3 牛にゅうが 1.89L あります。今日は 0.72L 飲みました。牛
にゅうは何L 残っていますか。　　　　1つ12〔24点〕

【式】

答え（　　　　　　　　　）

4 はなさんはリボンを 2.91m 持っています。妹に 1.78m あげ
ました。リボンは何m 残っていますか。　　　　1つ13〔26点〕

【式】

答え（　　　　　　　　　）

7 小数
小数のたし算・ひき算の問題

/100点

1 水がポットに 1.58L、やかんに 26dL 入っています。水はあわせて何L ありますか。　　　　　　　　　　　　　　　1つ12〔24点〕

【式】

答え（　　　　　　　　）

2 たかしさんは、はじめ 1.25km 歩きました。少し休んでから 328m 歩きました。全部で何km 歩きましたか。　　　　1つ13〔26点〕

【式】

答え（　　　　　　　　）

3 木の高さは 2m です。けんたさんの身長は 1m42cm です。木はけんたさんより何m 高いですか。　　　　　　　　　　　　　　　1つ12〔24点〕

【式】

答え（　　　　　　　　）

4 家から駅までのそれぞれの道のりは、えりさんが 1.67km、みかさんが 455m です。2人の道のりのちがいは何km ですか。

【式】　　　　　　　　　　　　　　　　　　　　　1つ13〔26点〕

答え（　　　　　　　　）

答えは
67ページ

月　日

10分

7 小数
小数のたし算とひき算の問題

／100点

1 油が大きいびんに 1.52L、小さいびんに 0.41L 入っていて、今日 1.2L 使いました。油は何L 残っていますか。　1つ12〔24点〕

【式】

答え（　　　　　　　　）

2 なみさんはリボンを 3.98m 持っていて、ゆみさんとりなさんに 44cm ずつあげました。リボンは何m 残っていますか。

【式】　1つ13〔26点〕

答え（　　　　　　　　）

3 ポットに水が 1.25L ありました。0.98L 使ったあと、0.35L たしました。ポットの水は何L になりましたか。

【式】　1つ12〔24点〕

答え（　　　　　　　　）

4 ゆりさんはくりを 1.42kg、弟はくりを 600g 拾ってきました。近所の人に、1.3kg あげると、くりは何kg 残っていますか。

【式】　1つ13〔26点〕

答え（　　　　　　　　）

月　日

10分

7 小数
小数のたし算とひき算の問題

／100点

1 家に肉が 1.97kg ありました。525g 使ったあと、830g 買ってきました。今、家には肉が何kg ありますか。　1つ13〔26点〕

【式】

答え（　　　　　　　）

2 たけしさんの身長は 1.27m です。弟はたけしさんより 18cm 低く、お母さんは弟より 55cm 高いです。お母さんの身長は何m ですか。　1つ13〔26点〕

【式】

答え（　　　　　　　）

3 あきさんは 9m のリボンを持っていました。　1つ12〔48点〕

❶　妹と弟に 1.34m ずつあげました。何m 残りましたか。

【式】

答え（　　　　　　　）

❷　❶のあと、あきさんはリボンを 1.88m 買ってきました。今持っているリボンの長さの合計と、はじめに持っていたリボンの長さのちがいは何m ですか。

【式】

答え（　　　　　　　）

きほん 12

 月 　 日 🕙10分

8 わり算の筆算 (2)
何十でわる計算の問題

／100点

1 まことさんたちは、折り紙でつるを 80 こ作りました。このつるを 1 本のひもに、20 こずつ通してかざりを作ります。ひもは何本あればよいですか。 1つ12〔24点〕

【式】

答え（　　　　　　　　　　）

2 150 まいの工作用紙を、30 人の子どもで同じ数ずつ分けます。1 人分は何まいになりますか。 1つ12〔24点〕

【式】

答え（　　　　　　　　　　）

3 400 まいの折り紙を、60 まいずつの束にします。60 まいの束は何束できますか。 1つ13〔26点〕

【式】

答え（　　　　　　　　　　）

4 まきさんは 650 円持っています。1 こ 90 円のおかしは、何こまで買えますか。 1つ13〔26点〕

【式】

答え（　　　　　　　　　　）

答えは
67ページ

1 何人かでお金を出しあって 810 円の本を買うことにしました。1 人 90 円ずつ集めるとすると、何人いれば買えますか。

【式】
1つ12〔24点〕

答え（　　　　　　　　　）

2 260 このあめを 30 人の子どもに、同じ数ずつできるだけ多くなるように分けます。1 人分は何こになって、何こあまりますか。
1つ12〔24点〕

【式】

答え（　　　　　　　　　）

3 250 さつの本を 1 つの本だなに 40 さつずつ入れていくと、40 さつ入っている本だなはいくつになって、何さつあまりますか。

【式】
1つ12〔24点〕

答え（　　　　　　　　　）

4 370 このみかんがあります。1 箱に 40 こずつ入れていくと、すべてのみかんを入れるには、何箱いりますか。
1つ14〔28点〕

【式】

答え（　　　　　　　　　）

答えは
67ページ

8 わり算の筆算 (2)
2けたでわる計算の問題

/100点

1 折り紙が 88 まいあります。この折り紙を 1 人に 22 まいずつ配ると、何人に配れますか。

1つ12〔24点〕

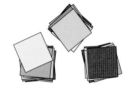

【式】

答え（　　　　　　）

2 72 本のサインペンがあります。このサインペンを 12 本ずつ箱に入れると、箱は何箱いりますか。

1つ12〔24点〕

【式】

答え（　　　　　　）

3 204 このりんごがあります。34 こずつ箱につめると、箱は何箱できますか。

1つ13〔26点〕

【式】

答え（　　　　　　）

4 288 まいのカードがあります。32 人の子どもで同じ数ずつ分けると、1 人分は何まいになりますか。

1つ13〔26点〕

【式】

答え（　　　　　　）

かくにん **13**

月　日

10分

2けたでわる計算の問題

／100点

1 工作用紙を 35 まい買うと、代金は 630 円でした。この工作
用紙 1 まいのねだんは何円ですか。　　　　　　1つ12〔24点〕

【式】

答え（　　　　　　　　　）

2 倉庫に 832 この箱があります。1 回に 52 こずつ運び出すと、
何回で運び終わりますか。　　　　　　　　　1つ12〔24点〕

【式】

答え（　　　　　　　　　）

3 リボンが 16 m 92 cm あります。36 cm ず
つ切ってかざりを作ると、かざりは何こできま
すか。　　　　　　　　　　　　1つ13〔26点〕

【式】

答え（　　　　　　　　　）

4 ボールを 1 ダース買ったら 3780 円でした。このボール 1 こ
のねだんは何円ですか。　　　　　　　　　1つ13〔26点〕

【式】

答え（　　　　　　　　　）

答えは
68ページ

 月 日

8 わり算の筆算 (2)
いろいろなわり算の問題

/100点

1 ▶ 76 このくりを、24 こずつふくろに入れていきます。何ふくろできて、何こあまりますか。

1つ12〔24点〕

【式】

答え（　　　　　　　　　　　）

2 ▶ 95 本のほうきを 13 クラスに、同じ数ずつできるだけ多くなるように分けます。1 クラス何本になって、何本あまりますか。

1つ12〔24点〕

【式】

答え（　　　　　　　　　　　）

3 ▶ 3 m 90 cm のはり金を、76 cm ずつに切って工作に使います。何本できて、何 cm あまりますか。

1つ13〔26点〕

【式】

答え（　　　　　　　　　　　）

4 ▶ 655 このおはじきがあります。86 こずつ箱に入れると、何箱できて、何こあまりますか。

1つ13〔26点〕

【式】

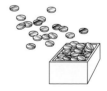

答え（　　　　　　　　　　　）

答えは
68ページ

8 わり算の筆算 ⑵
いろいろなわり算の問題

/100点

1 シールが 92 まいあります。このシールを 1 人に 12 まいずつ配ると、何人に配れて、何まいあまりますか。　　1つ12〔24点〕

【式】

答え（　　　　　　　　　　　　）

2 89 このあめがあります。11 こずつふくろにつめると、何ふくろできて、何こあまりますか。　　1つ12〔24点〕

【式】

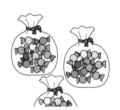

答え（　　　　　　　　　　　　）

3 9m 27cm のひもを 25cm ずつに切っていきます。何本できて、何cm あまりますか。　　1つ13〔26点〕

【式】

答え（　　　　　　　　　　　　）

4 843 人の子どもがいます。38 人ずつ 1 列にならんでいくと、最後の列は何人になりますか。　　1つ13〔26点〕

【式】

答え（　　　　　　　　　　　　）

答えは 68ページ

8 わり算の筆算 (2)
わり算とほかの計算の問題

／100点

1 5 さつ 350 円のノートと 4 さつ 320 円のノートがあります。ノート I さつのねだんのちがいは何円ですか。　　　1つ12〔24点〕

【式】

答え（　　　　　　　　）

2 今、ちょ金箱に 730 円あります。あと 9 日で 1000 円にするには、毎日何円ずつちょ金すればよいですか。　　　1つ12〔24点〕

【式】

答え（　　　　　　　　）

3 I 束 50 まいの色紙が 18 束あります。この色紙を、4 人で同じ数ずつ分けると、I 人分は何まいになりますか。　　　1つ13〔26点〕

【式】

答え（　　　　　　　　）

4 I こ 82 円のボールがあります。8 人で同じ金がくを出しあって、このボールを I ダース買うとき、I 人何円出せばよいですか。

【式】　　　1つ13〔26点〕

答え（　　　　　　　　）

 月 日

8 わり算の筆算 (2)
わり算とほかの計算の問題

1 ある数に 16 をかけて、12 をたしたら 940 になりました。ある数はいくつですか。 1つ12〔24点〕

【式】

答え（　　　　　　　）

2 ある数を 54 でわったら、商が 12 で、あまりは 24 になりました。この数を 28 でわったら、答えはいくつですか。 1つ13〔26点〕

【式】

答え（　　　　　　　）

3 同じねだんのりんごを 12 こ買って、100円のかごに入れてもらったら、代金は 1060円でした。このりんご 1 このねだんは何円ですか。 1つ12〔24点〕

【式】

答え（　　　　　　　）

4 サインペンとえん筆をそれぞれ 1 ダースずつ買うと、代金は 1800 円でした。サインペン 1 本のねだんは 90 円です。えん筆 1 本のねだんは何円ですか。 1つ13〔26点〕

【式】

答え（　　　　　　　）

答えは
68ページ

8 わり算の筆算 (2)

何倍を考える問題
かんたんな割合の問題

10分

／100点

1 赤い紙が125まい、青い紙が25まいあります。赤い紙は青い紙の何倍ありますか。 1つ12〔24点〕

【式】

答え（　　　　　　　　）

2 ケーキのねだんはクッキーのねだんの5倍です。クッキーが85円のとき、ケーキは何円ですか。 1つ12〔24点〕

【式】

答え（　　　　　　　　）

3 今日、リボンを4m40cm使いました。この長さは、きのう使った長さの8倍でした。きのう使ったリボンの長さは何cmですか。 1つ12〔24点〕

【式】

答え（　　　　　　　　）

4 長さが10cmのゴムひもをいっぱいまでのばすと、40cmになります。同じのび方をするゴムひもの長さが15cmあるとき、このゴムひもをいっぱいまでのばすと何cmになりますか。 1つ14〔28点〕

【式】

答え（　　　　　　　　）

8 わり算の筆算 (2)
何倍を考える問題
かんたんな割合の問題

／100点

1 あいさんは 112 円、りえさんは 1904 円持っています。り えさんは、あいさんの何倍のお金を持っていますか。　1つ15〔30点〕

【式】

答え（　　　　　　　　）

2 遠足で行った動物園にいた象の体重は 2871kg で、たくやさんの体重の 99 倍で した。たくやさんの体重は何kg ですか。

【式】　　　　　　　　　　　　1つ15〔30点〕

答え（　　　　　　　　）

3 ボールペンは 240 円で、消しゴムの 3 倍のねだんです。また、 じょうぎは消しゴムの 2 倍のねだんです。　1つ10〔40点〕

❶　消しゴムのねだんは何円ですか。

【式】

答え（　　　　　　　　）

❷　じょうぎのねだんは何円ですか。

【式】

答え（　　　　　　　　）

答えは
68ページ

9 計算のきまり
計算のきまりの問題

/100点

1 □にあてはまることばを書きましょう。　　　1つ5〔20点〕

❶ たし算の答えを □ 、ひき算の答えを □ といいます。

❷ かけ算の答えを □ 、わり算の答えを □ といいます。

2 □にあてはまる数を書きましょう。　　　1つ7〔28点〕

❶ $(75+18)+30=$ □ $+(18+30)$

❷ $(30×4)×5=30×($ □ $×5)$

❸ $(8-6)×15=8×15-6×$ □

❹ $5×(8+11)=5×8+$ □ $×11$

3 ひとみさんは、720円の筆箱と150円の下じきを買って、1000円札を出しました。おつりは何円ですか。（　）を使った1つの式に表して答えましょう。　　　1つ13〔26点〕

【式】

答え（　　　　　　　　　）

4 1こ60円のガムを7こと、1こ85円のキャラメルを6こ買いました。代金は何円ですか。1つの式に表して答えましょう。

【式】　　　　　　　　　　　　　　　　1つ13〔26点〕

答え（　　　　　　　　　）

9 計算のきまり
計算のきまりの問題

／100点

1 さとう 6g が入ったふくろが 98 こあります。さとうの重さは全部で何gですか。計算のしかたをくふうして<ruby>求<rt>もと</rt></ruby>めましょう。

【式】　　　　　　　　　　　　　　　　　　　　　1つ15〔30点〕

答え（　　　　　　　　　　）

2 1こ 75 円のかきを、100 円の箱につめてもらって、ちょうど 1000 円になるようにするには、かきを何こ箱につめてもらえばよいですか。1つの式に表して答えましょう。

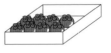

1つ15〔30点〕

【式】

答え（　　　　　　　　　　）

3 みきさんとめぐみさんは、同じ本を読んでいます。みきさんは1日 35 ページずつ、めぐみさんは1日 15 ページずつ読みます。5日たつと、みきさんはめぐみさんより何ページ多く読むことになりますか。1つの式に表して答えましょう。　　　1つ20〔40点〕

【式】

答え（　　　　　　　　　　）

答えは
69ページ

10 がい数
がい数を用いる問題

／100点

1 右の表は、ある4つの都市の人口です。それぞれ約何万人といえますか。四捨五入して求めましょう。　　　1つ15〔60点〕

北市（　　　　　　）

東市（　　　　　　）

南市（　　　　　　）　西市（　　　　　　）

4つの都市の人口

	人口（人）
北市	1838296
東市	363704
南市	1315032
西市	477418

2 下の表は、5つの小学校の児童数を表したものです。　1つ20〔40点〕

児童数

学校名	人数（人）
大町	1175
中町	943
上町	1216
下町	968
東町	1037

❶　右のグラフは、児童数を何の位までのがい数で表していますか。

（　　　　　　）

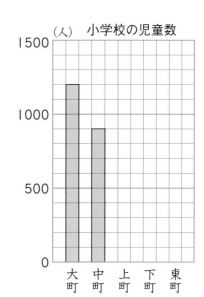

小学校の児童数

❷　上町、下町、東町の児童数を同じようにがい数にして、ぼうグラフにかきましょう。

答えは
69ページ

月　日

10 がい数
がい数を用いる問題

10分

 ／100点

1 ある県の人口は935647人です。四捨五入して上から2けたのがい数にすると、何人になりますか。　〔25点〕

（　　　　　　　）

2 四捨五入して千の位までのがい数にしたとき、8000になる整数のはんいを求めましょう。　〔25点〕

（　　　　　　　）

3 下の表は、日本のおもな道路のトンネルの長さを表したものです。四捨五入して千の位までのがい数にして、ぼうグラフにかきましょう。　〔50点〕

トンネルの長さ

関越	11055m
恵那山	8649m
新神戸	7900m
肥後	6331m
笹子	4784m

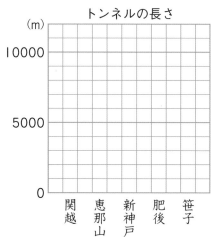

トンネルの長さ

答えは
69ページ

きほん 19

10 がい数
和の見積もりの問題
差の見積もりの問題

/100点

1 右の表は、ある年の小学生、中学生の人数を表したものです。答えは、四捨五入して十万の位までのがい数で求めましょう。　1つ25〔50点〕

小学生、中学生の人数

小学生	9606629 人
中学生	5619297 人

❶ 小学生と中学生をあわせると約何人ですか。

(　　　　　　　　)

❷ 小学生は中学生より約何人多いですか。

(　　　　　　　　)

2 けんじさんは文ぼう具店で、128円のノート、232円のものさし、119円のボールペン、97円のシールを買いました。　1つ25〔50点〕

❶ 四捨五入して十の位までのがい数にして、全部でいくらになるか見積もりましょう。

(　　　　　　　　)

❷ 1000円札ではらいます。四捨五入して十の位までのがい数にして、おつりを見積もりましょう。

(　　　　　　　　)

答えは
69ページ

10 がい数
和の見積もりの問題
差の見積もりの問題

月　　日

10分

／100点

1️⃣ 下の表は、ある年の関東地方の各県の人口を表したものです。

1つ10〔70点〕

（人）

県	人　口	がい数
茨　城	2985424	
栃　木	2004787	
群　馬	2024820	
埼　玉	6938004	
千　葉	5926349	
神奈川	8489932	

❶　各県ごとの人数を、四捨五入して一万の位までのがい数にして、上の表に書きましょう。

❷　神奈川県の人口は、埼玉県の人口より約何人多いですか。

（　　　　　　　　　）

2️⃣ 8 この石があります。重さはそれぞれ 582g、378g、412g、329g、665g、492g、878g、193g です。

1つ15〔30点〕

❶　石の重さの合計は約何g ですか。四捨五入して百の位までのがい数にして、答えを求めましょう。

（　　　　　　　　　）

❷　いちばん重い石といちばん軽い石の重さの差は約何g ですか。四捨五入して百の位までのがい数にして、答えを求めましょう。

（　　　　　　　　　）

答えは
69ページ

きほん 20

10 がい数
積の見積もりの問題
商の見積もりの問題

/100点

1 はるかさんは、毎日、家から神社までのおうふく 1820m を走っています。これまで 213 日走りました。全部で約何km 走りましたか。四捨五入して上から 1 けたのがい数にして、答えを見積もりましょう。

〔25点〕

（　　　　　　　　）

2 りえこさんの学校の給食費は、1 食 285 円です。178 日給食をとると、全部でおよそいくらかかりますか。四捨五入して上から 1 けたのがい数にして、答えを見積もりましょう。

〔25点〕

（　　　　　　　　）

3 かずやさんのクラスでは、学芸会のげきに使う道具を買うために 8600 円必要になりました。クラスの人数は 27 人です。1 人およそいくら集めたらよいですか。四捨五入して上から 1 けたのがい数にして、答えを見積もりましょう。

〔25点〕

（　　　　　　　　）

4 58160 まいのコピー用紙を、18 クラスで分けます。どのクラスも同じまい数にします。1 クラス約何まいになりますか。四捨五入して上から 1 けたのがい数にして、答えを見積もりましょう。

〔25点〕

（　　　　　　　　）

10 がい数
積の見積もりの問題
商の見積もりの問題

／100点

1 ある店で、1170円の商品が2880こ売れました。売り上げは、およそいくらになりましたか。四捨五入して上から1けたのがい数にして、答えを見積もりましょう。 〔25点〕

(　　　　　　　　　)

2 スポーツ大会に11430人が参加しました。参加費は1人750円です。参加費を全員から集めると、およそいくらになりますか。四捨五入して上から1けたのがい数にして、答えを見積もりましょう。 〔25点〕

(　　　　　　　　　)

3 2300mの道路の両側にそれぞれ12mおきに木を植えようと思います。木は約何本必要ですか。四捨五入して上から1けたのがい数にして、答えを見積もりましょう。〔25点〕

(　　　　　　　　　)

4 373人で、バスを借りて遠足に行きます。バス代は全部で762450円かかります。1人分のバス代はおよそいくらですか。四捨五入して上から1けたのがい数にして、答えを見積もりましょう。 〔25点〕

(　　　　　　　　　)

答えは
69ページ

11 面積
面積の問題

／100点

1 面積が 105 cm² の長方形の形をした紙があります。この紙のたての長さは 7 cm です。横の長さは何 cm になりますか。 1つ12〔24点〕

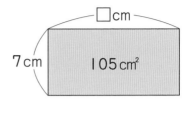

【式】

答え（　　　　　　　　）

2 たての長さが 20 m で、面積が 300 m² の長方形の形をした土地があります。この土地の横の長さは何 m ですか。 1つ13〔26点〕

【式】

答え（　　　　　　　　）

3 たてが 3 km、横が 5 km の長方形の形をした町があります。この町の面積は何 km² ですか。 1つ12〔24点〕

【式】

答え（　　　　　　　　）

4 たてが 200 m、横が 400 m の長方形の形をした広場の面積は何 ha ですか。 1つ13〔26点〕

【式】

答え（　　　　　　　　）

11 面積
面積の問題

/100点

1 まわりの長さが 72cm の正方形の面積を求めましょう。

【式】　　　　　　　　　　　　　　　　　　　　　1つ12〔24点〕

答え（　　　　　　　　　　　）

2 1辺が 500m の正方形の形をした土地があります。この土地の面積は何 a ですか。また、何 ha ですか。　　　　1つ8〔24点〕

【式】

答え（　　　　　　、　　　　　　）

3 下の図の面積を求めましょう。　　　　　　　1つ12〔24点〕

【式】

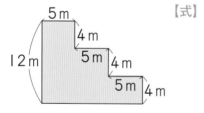

答え（　　　　　　　　　　　）

4 右の図のような長方形の形をした土地の中に、はば 4m の道があります。道をのぞいた部分の面積は何 ㎡ ですか。

【式】　　　　　　　　　　　1つ14〔28点〕

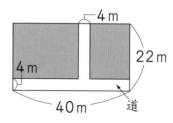

答え（　　　　　　　　　　　）

答えは
70ページ

12 小数のかけ算とわり算
（小数）×（整数）の問題

/100点

1 さとうが 0.7kg 入ったふくろが 8 こあります。さとうの重さ
は全部で何kg になりますか。　　　　　　　　　　1つ12〔24点〕

【式】

答え（　　　　　　　　　　）

2 あやかさんは毎日牛にゅうを 0.2L ずつ飲みま
す。2 週間では何L 飲むことになりますか。

【式】　　　　　　　　　　　1つ13〔26点〕

答え（　　　　　　　　　　）

3 1m の重さが 1.3kg の鉄のぼうがあります。このぼう 5m の
重さは何kg ですか。　　　　　　　　　　　1つ12〔24点〕

【式】

答え（　　　　　　　　　　）

4 16 人の子どもが、1 人 0.18L ずつジュースを飲みました。
全部で何L 飲みましたか。　　　　　　　　　1つ13〔26点〕

【式】

答え（　　　　　　　　　　）

答えは
70ページ

12 小数のかけ算とわり算
(小数)×(整数)の問題

／100点

1 なおこさんが、長さ 2.7 m のぼうで、橋の長さをはかったら、ちょうどぼう 8 本分ありました。橋の長さは何mですか。

【式】

1つ12 (24点)

答え (　　　　　　　)

2 1 さつの重さが 0.9 kg の辞典が 18 さつあります。この辞典の重さは全部で何kg になりますか。

1つ12 (24点)

【式】

答え (　　　　　　　)

3 まさるさんは、1 周 0.65 km の池のまわりを 12 周走りました。全部で何km 走りましたか。

1つ13 (26点)

【式】

答え (　　　　　　　)

4 川にそった土手の道のかた側に、9.72 m おきに、36 本のさくらの木が植えてあります。はじめの木から終わりの木までの間は何m ありますか。

1つ13 (26点)

【式】

答え (　　　　　　　)

答えは 70ページ

12 小数のかけ算とわり算
(小数)÷(整数) の問題

/100点

1 10.8dL のジュースを 6 人で同じ量ずつ
分けると、1 人分は何dL になりますか。

【式】
1つ12〔24点〕

答え（　　　　　　　　　）

2 ある数を 9 倍したら、75.6 になりました。ある数はいくつで
すか。
1つ12〔24点〕

【式】

答え（　　　　　　　　　）

3 16.8 m のテープを、12 人で同じ長さずつ分けると、1 人分
は何m になりますか。
1つ13〔26点〕

【式】

答え（　　　　　　　　　）

4 85.8dL の牛にゅうを、22 人で同じ量ずつ分けると、1 人分
は何dL になりますか。
1つ13〔26点〕

【式】

答え（　　　　　　　　　）

12 小数のかけ算とわり算
(小数)÷(整数) の問題

／100点

1 43.4 L の灯油を、7 けんの家で同じ量ずつ分けると、1 けん分は何 L になりますか。

1つ12〔24点〕

【式】

答え（　　　　　　　　）

2 52.8 km の道のりを、8 日間かけて歩きます。毎日同じ道のりだけ進むとすると、1 日に何 km ずつ歩けばよいですか。

1つ12〔24点〕

【式】

答え（　　　　　　　　）

3 79.2 m の道のかた側に、同じ間かくで、はしからはしまで 25 本の木を植えます。木と木の間は何 m にすればよいですか。

1つ13〔26点〕

【式】

答え（　　　　　　　　）

4 24.5 m のリボンを、35 人で同じ長さずつ分けると、1 人分は何 m になりますか。

1つ13〔26点〕

【式】

答え（　　　　　　　　）

答えは 70ページ

12 小数のかけ算とわり算
あまりのあるわり算の問題

／100点

1 7.2L のジュースを、2L ずつ入れ物に分けると、あまりは
何L になりますか。　　　　　　　　　　　　　　1つ12〔24点〕

【式】

答え（　　　　　　　　　　）

2 29.3m のロープを、12m ずつに切ると、12m のロープは
何本できて、何m あまりますか。　　　　　　　　1つ12〔24点〕

【式】

答え（　　　　　　　　　　）

3 7.54m のリボンを、6人で同じ長さずつ分けると、1人分は
約何m になりますか。答えは四捨五入して、上から2けたのが
い数で求めましょう。　　　　　　　　　　　　　1つ13〔26点〕

【式】

答え（　　　　　　　　　　）

4 58.2kg のさとうを、35 このふくろに同じ重さずつ入れます。
1ふくろには、約何kg ずつ入れればよいですか。答えは四捨五
入して、$\frac{1}{10}$ の位までのがい数で求めましょう。　　　1つ13〔26点〕

【式】

答え（　　　　　　　　　　）

12 小数のかけ算とわり算
あまりのあるわり算の問題

 月 日 10分

 /100点

1 ▶ 97.3cm のテープを、14cm ずつに切ると、14cm のテープは何本できて、何cm あまりますか。 1つ12(24点)

【式】

答え（ 　　　　　　　　 ）

2 ▶ 27.7kg の小麦粉(こむぎこ)を使って、13 種類(しゅるい)のパンを作ります。どれも同じ重さの小麦粉を使うとすると、それぞれのパンに使う小麦粉は何kg になりますか。答えは、一の位(くらい)まで求(もと)め、あまりもだしましょう。 1つ12(24点)

【式】

答え（ 　　　　　　　　 ）

3 ▶ 25dL のジュースを、9 つのコップに同じ量(りょう)ずつ入れます。1 つのコップには約(やく)何dL 入りますか。答えは四捨五入(ししゃごにゅう)して、上から 2 けたのがい数で求めましょう。 1つ13(26点)

【式】

答え（ 　　　　　　　　 ）

4 ▶ まわりの長さが 35.5m ある池のまわりに、くいを 18 本立てます。くいとくいの間を等しくするとき、約何m おきに立てればよいですか。答えは四捨五入して、$\frac{1}{100}$ の位までのがい数で求めましょう。 1つ13(26点)

【式】

答え（ 　　　　　　　　 ）

答えは
70ページ

12 小数のかけ算とわり算
わり進むわり算の問題

／100点

1 まわりの長さが 50cm の正方形があります。この正方形の 1
辺の長さは何cm ですか。　　　　　　　　　　　1つ12〔24点〕

【式】

答え（　　　　　　　　）

2 27km のコースを、15 人で同じきょりに分けて走ります。1
人何km ずつ走ればよいですか。　　　　　　　1つ12〔24点〕

【式】

答え（　　　　　　　　）

3 1.8kg の肉を、5 まいの皿に同じ重さずつ分けてのせます。1
まいの皿にのっている肉の重さは何kg ですか。　　1つ13〔26点〕

【式】

答え（　　　　　　　　）

4 17.4kg のさとうがあります。このさとう
を 15 回に等分して使います。1 回に使うさ
とうの重さは何kg ですか。　　1つ13〔26点〕

【式】

答え（　　　　　　　　）

12 小数のかけ算とわり算
わり進むわり算の問題

/100点

1 10mのリボンを、8人で同じ長さずつ分けると、1人分は
何mになりますか。　　　　　　　　　　　　　　1つ12〔24点〕

【式】

答え（　　　　　　　　）

2 6kgの米を、同じ量ずつ5日で食べました。1日に食べた量
は何kgですか。　　　　　　　　　　　　　　　1つ12〔24点〕

【式】

答え（　　　　　　　　）

3 38.8kgのすなを、8このふくろに、同じ重さずつ入れます。
1ふくろには何kgずつ入れればよいですか。　　　　1つ13〔26点〕

【式】

答え（　　　　　　　　）

4 3.3Lの牛にゅうを12人で同じ量ずつ分けると、
1人分は何Lになりますか。　　　　　1つ13〔26点〕

【式】

答え（　　　　　　　　）

答えは
70ページ

12 小数のかけ算とわり算
何倍かを求める問題

/100点

1 あいさんの体重は 24 kg で、お父さんの体重は 60 kg です。
お父さんの体重は、あいさんの体重の何倍ですか。　1つ13〔26点〕
【式】

答え（　　　　　　　）

2 まりさんはおはじきを 16 こ、お姉さんは
40 こ持っています。お姉さんは、まりさん
の何倍のおはじきを持っていますか。

【式】　　　　　　　　　　1つ13〔26点〕

答え（　　　　　　　）

3 公園の木の高さは 12 m、学校の木の高さは 6 m、家の木の高
さは 3 m です。　1つ12〔48点〕

● 学校の木の高さは、公園の木の高さの何倍ですか。
【式】

答え（　　　　　　　）

❷ 家の木の高さは、公園の木の高さの何倍ですか。
【式】

答え（　　　　　　　）

答えは
71ページ

12 小数のかけ算とわり算
何倍かを求める問題

10分

／100点

1 ケーキが 500 円、クッキーが 200 円で売られています。

1つ12〔48点〕

❶ ケーキのねだんは、クッキーのねだんの何倍ですか。

【式】

答え（ 　　　　　　　　　）

❷ クッキーのねだんは、ケーキのねだんの何倍ですか。

【式】

答え（ 　　　　　　　　　）

2 家から学校までの道のりは 360 m、家か
らポストまでの道のりは 90 m です。家から
ポストまでの道のりは、家から学校までの道
のりの何倍ですか。　　　　　1つ 13〔26点〕

【式】

答え（ 　　　　　　　　　）

3 ゆきさんは 2600 円、妹は 400 円持っています。ゆきさん
は、妹の何倍のお金を持っていますか。　　　　1つ13〔26点〕

【式】

答え（ 　　　　　　　　　）

答えは
71ページ

13 分数
分数のたし算の問題

1 油が大きいびんに $\frac{5}{7}$ L、小さいびんに $\frac{4}{7}$ L 入っています。油はあわせて何L ありますか。　1つ12〔24点〕

【式】

答え（　　　　　　　　）

2 ちひろさんは算数を $\frac{4}{6}$ 時間、国語を $\frac{7}{6}$ 時間勉強しました。あわせて何時間勉強しましたか。　1つ12〔24点〕

【式】

答え（　　　　　　　　）

3 ゆうたさんは家の手伝いをしました。きのうは $1\frac{3}{8}$ 時間、今日は $\frac{6}{8}$ 時間手伝いました。あわせて何時間手伝いましたか。　1つ13〔26点〕

【式】

答え（　　　　　　　　）

4 あやさんの家は、駅と図書館の間にあって、家から駅までの道のりは $2\frac{1}{4}$ km、家から図書館までの道のりは $1\frac{2}{4}$ km あります。駅から図書館までの道のりは何km ですか。　1つ13〔26点〕

【式】

答え（　　　　　　　　）

答えは71ページ

13 分数
分数のたし算の問題

／100点

1 赤いリボンが $\frac{2}{5}$ m、青いリボンが $\frac{4}{5}$ m あります。リボンはあわせて何m ありますか。　　　　　　1つ12（24点）

【式】

答え（　　　　　　　　　）

2 まさとさんは $1\frac{5}{8}$ km 歩き、少し休んで、また $\frac{11}{8}$ km 歩きました。全部で何km 歩きましたか。　　　　　1つ12（24点）

【式】

答え（　　　　　　　　　）

3 みなよさんの家では、牛にゅうを先週は $1\frac{2}{6}$ L、今週は $1\frac{5}{6}$ L 飲みました。牛にゅうはあわせて何L 飲みましたか。　　1つ13（26点）

【式】

答え（　　　　　　　　　）

4 たかしさんは $\frac{3}{4}$ kg、なおとさんは 2 kg、ゆうじさんは $\frac{7}{4}$ kg のねん土を持っています。3人のねん土をあわせると、全部で何kg になりますか。　　　　　1つ13（26点）

【式】

答え（　　　　　　　　　）

答えは
71ページ

13 分数
分数のひき算の問題

 月 日

／100点

1 $\frac{5}{4}$ L のジュースがあります。そのうち $\frac{1}{4}$ L を飲みました。ジュースは何L 残っていますか。

【式】　　　　　　　　　　　　1つ12〔24点〕

答え（　　　　　　　）

2 $\frac{18}{5}$ m のテープがあります。そのうち $\frac{11}{5}$ m のテープを使いました。テープは何m 残っていますか。　　1つ12〔24点〕

【式】

答え（　　　　　　　）

3 ゆきなさんはリボンを $2\frac{6}{7}$ m 持っていました。そのうち $\frac{4}{7}$ m を妹にあげました。リボンは何m 残っていますか。　　1つ13〔26点〕

【式】

答え（　　　　　　　）

4 オレンジジュースが $\frac{8}{6}$ L、りんごジュースが $1\frac{5}{6}$ L あります。どちらが何L 多いですか。　　1つ13〔26点〕

【式】

答え（　　　　　　　）

13 分数
分数のひき算の問題

/100点

1 ▶ ひろきさんは、きのう $\dfrac{15}{6}$ 時間勉強しました。今日は $\dfrac{7}{6}$ 時間勉強しました。きのうのほうが何時間多く勉強しましたか。

【式】　　　　　　　　　　　　　　　　　　　　　1つ12〔24点〕

答え (　　　　　　　　　　　　)

2 ▶ つとむさんの家から学校までの道のりは $\dfrac{11}{10}$ km あります。さとるさんの家から学校までの道のりは $1\dfrac{4}{10}$ km あります。道のりのちがいは何 km ですか。

【式】　　　　　　　　　　　　　　　　　　　　　1つ12〔24点〕

答え (　　　　　　　　　　　　)

3 ▶ $4\dfrac{1}{6}$ kg のさとうがあります。そのうち $1\dfrac{3}{6}$ kg 使いました。さとうは何 kg 残っていますか。

【式】　　　　　　　　　　　　　　　　　　　　　1つ13〔26点〕

答え (　　　　　　　　　　　　)

4 ▶ $3\dfrac{1}{8}$ L あった油を、先週は $1\dfrac{5}{8}$ L、今週は $\dfrac{7}{8}$ L 使いました。油はあと何 L 残っていますか。

【式】　　　　　　　　　　　　　　　　　　　　　1つ13〔26点〕

答え (　　　　　　　　　　　　)

答えは
71ページ

14 変わり方調べ
変わり方を調べる問題
2つの数の変わり方を式に表す問題

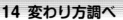

/100点

1 まわりの長さが 16 cm の長方形や正方形の中で、面積がいちばん大きくなるのは、たての長さが何 cm で、横の長さが何 cm のときか調べましょう。

❶1つ3、❷18〔60点〕

❶ たての長さを 1 cm、2 cm、3 cm、……にしたときの、横の長さと面積を求め、下の表に書きましょう。

たて (cm)	1	2	3	4	5	6	7
横　　(cm)							
面積(cm²)							

❷ 面積がいちばん大きいのは、たてが何 cm、横が何 cm のときですか。

(　　　　　　　　　　　　)

2 下の表は、さいころを投げたときに出た目の数と、そのうら側の目の数を表したものです。

1つ20〔40点〕

❶ 出た目の数が、1 ふえると、うら側の目の数はどうなりますか。

出た目の数	1	2	3	4	5	6
うら側の目の数	6	5	4	3	2	1

(　　　　　　　　　　　　)

❷ 出た目の数を□、うら側の目の数を○として、□と○の関係を式に表しましょう。

(　　　　　　　　　　　　)

14 変わり方調べ
変わり方を調べる問題
2つの数の変わり方を式に表す問題

／100点

1 下の図のように、ご石を正三角形にならべていきます。

1つ25〔100点〕

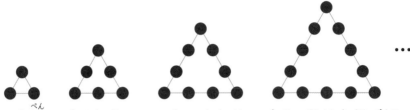

❶ 1辺のご石が3このとき、まわりのご石の数は全部で何こになりますか。

（　　　　　　　　）

❷ 1辺のご石の数が1こふえると、まわりのご石の数は何こふえますか。下の表を使って調べましょう。

1辺の数（こ）	2	3	4	5	
まわりの数(こ)					

（　　　　　　　　）

❸ 1辺のご石が10このとき、まわりのご石の数は全部で何こになりますか。

（　　　　　　　　）

❹ 1辺のご石の数を□こ、まわりのご石の数を○ことして、□と○の関係を式に表しましょう。

（　　　　　　　　）

答えは
72ページ

1 右の直方体を見て答えましょう。

❶～❸1つ16、❹～❼1つ13〔100点〕

❶ 辺 AD と垂直な辺はどれですか。

(　　　　　　　　　　　　　)

❷ 辺 GH と垂直な辺はどれですか。

(　　　　　　　　　　　　　)

❸ 辺 BF と平行な辺はどれですか。

(　　　　　　　　　　　　　)

❹ 面あに垂直な面はどれですか。

(　　　　　　　　　　　　　)

❺ 面えに平行な面はどれですか。

(　　　　　　　　　　　　　)

❻ 面かに垂直な面はどれですか。

(　　　　　　　　　　　　　)

❼ 面うに平行な面はどれですか。

(　　　　　　　　　　　　　)

15 直方体と立方体
直方体・立方体の問題
垂直・平行の問題

月　日　10分

／100点

1 右の直方体の展開図を組み立てます。

1つ15〔45点〕

❶ 面あに平行になる面はどれですか。

（　　　　　　　　　　　）

❷ 面あに垂直になる面はどれですか。

（　　　　　　　　　　　）

❸ 辺アイと垂直になる面はどれですか。

（　　　　　　　　　　　）

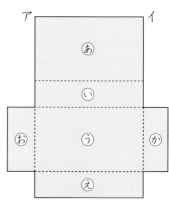

2 下の展開図を組み立てたときにできる立体の見取図を □ の中にかきましょう。

〔25点〕

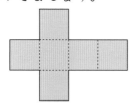

3 たてが 25cm、横が 20cm、高さが 15cm の直方体の箱に、右のようにひもをかけました。結び目の長さを 10cm とすると、ひもの長さは全部で何cmになりますか。

1つ15〔30点〕

【式】

答え（　　　　　　　　　　　）

答えは
72ページ

月　　　日

10分

／100点

1 351826032749 について答えましょう。　1つ10〔20点〕

❶　一億の位の数字は何ですか。　（　　　　　　）

❷　いちばん左の3は何の位ですか。　（　　　　　　）

2 色紙が825まいあります。この色紙を、15人に同じ数ずつ分けます。1人分は何まいになりますか。　1つ10〔20点〕

【式】

答え（　　　　　　）

3 しょう油が3.12dL あります。　1つ10〔40点〕

❶　13このよう器に同じ量ずつ分けると、1こ分は何dL になりますか。

【式】

答え（　　　　　　）

❷　4.8dL 買ってくると、全部で何dL になりますか。

【式】

答え（　　　　　　）

4 たての長さが12mで面積が216㎡ の長方形の形をした土地の横の長さは何m ですか。　1つ10〔20点〕

【式】

答え（　　　　　　）

力だめし ②

／100点

1 右の表を見て、答えましょう。 1つ15〔30点〕

❶ 山へ行った人は何人ですか。

（　　　　　　　　）

❷ 海だけに行った人は何人ですか。

（　　　　　　　　）

山や海へ行った人調べ （人）

		海	
		行った	行かない
山	行った	15	10
	行かない	7	8

2 下の表は、ある日の気温を 1 時間おきにはかったものです。
右の図はこれを折れ線グラフにかこうとしたものです。グラフの
続きを完成させましょう。〔25点〕

気温の変わり方

時こく（時）	気温（度）	時こく（時）	気温（度）
午前8	13.0	午後1	18.0
午前9	13.5	午後2	20.5
午前10	14.5	午後3	20.0
午前11	16.0	午後4	17.5
午後0	16.5	午後5	15.5

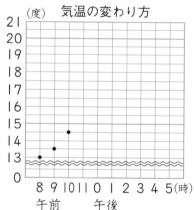

3 下の図で、直線⑦と直線⑦は平行です。角⑤の大きさは何度で
すか。

1つ15〔45点〕

❶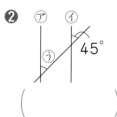

❷

❸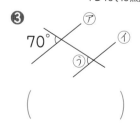

（　　　　　　）　（　　　　　　）　（　　　　　　）

答えは
72ページ

答え

1

3・4ページ

1 ▶ 5600 億
2 ▶ 102345
3 ▶ 31 兆
4 ▶ 9755311

★ ★ ★

1 ▶ 730 億
2 ▶ 8686442200
3 ▶ ❶ 9876543201
❷ 4012356789

2

5・6ページ

1 ▶ ❶ 37.5kg
❷ 6 月と 7 月の間

2 ▶

(人) 児童数の変わり方

★ ★ ★

1 ▶
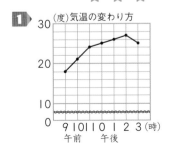
(度) 気温の変わり方

2 ▶ ❶ × ❷ ○ ❸ × ❹ ×
❺ ○ ❻ ×

3

7・8ページ

1 ▶ ❶ すりきず ❷ 校庭
❸ 55

2 ▶

色と形調べ (こ)

形＼色	正方形	長方形	円	合計
白	2	3	2	7
黒	3	1	3	7
合計	5	4	5	14

★ ★ ★

1 ▶ ❶

両方とも全部食べた	2 人
ごはんだけ全部食べた	2 人
おかずだけ全部食べた	3 人
両方残した	1 人

❷ 給食調べ (人)

		おかず	
		○	×
ごはん	○	2	2
	×	3	1

2 ▶ 7人

4

9・10ページ

1 ▶ 80÷4＝20 　答え 20cm
2 ▶ 120÷3＝40 　答え 40L

3 ▸ $72 ÷ 4 = 18$　　　答え 18 cm
4 ▸ $52 ÷ 2 = 26$　　　答え 26 本

★　★　★

1 ▸ $420 ÷ 7 = 60$　　答え 60 人
2 ▸ $400 ÷ 8 = 50$　　答え 50 本
3 ▸ $70 ÷ 5 = 14$　　　答え 14 こ
4 ▸ $96 ÷ 3 = 32$　　　答え 32 こ

5
11・12ページ

1 ▸ $384 ÷ 3 = 128$　　答え 128 こ
2 ▸ $420 ÷ 5 = 84$　　答え 84 円
3 ▸ $128 ÷ 8 = 16$　　答え 16 こ
4 ▸ $836 ÷ 4 = 209$　答え 2 m 9 cm

★　★　★

1 ▸ $624 ÷ 6 = 104$　答え 104 まい
2 ▸ $147 ÷ 3 = 49$　　答え 49 人
3 ▸ $364 ÷ 7 = 52$　答え 52 ページ
4 ▸ $1260 ÷ 7 = 180$

答え 1 m 80 cm

6
13・14ページ

1 ▸ $87 ÷ 4 = 21$ あまり 3
答え 21 こになって、3 こあまる。
2 ▸ $365 ÷ 7 = 52$ あまり 1
答え 52 週間と 1 日
3 ▸ $73 ÷ 6 = 12$ あまり 1
答え 12 人に分けられて、
1 まいあまる。
たしかめ $6 × 12 + 1 = 73$

★　★　★

1 ▸ $753 ÷ 6 = 125$ あまり 3
答え 125 箱できて、3 こあまる。
2 ▸ $150 ÷ 9 = 16$ あまり 6

$16 + 1 = 17$　　　答え 17 箱
3 ▸ $216 ÷ 7 = 30$ あまり 6
答え 30 ふくろできて、6 こあまる。
たしかめ $7 × 30 + 6 = 216$

7
15・16ページ

1 ▸ ❶ 40°　❷ 120°　❸ 60°
❹ 310°
2 ▸ ㋐ 90°　㋑ 60°　㋒ 45°
㋓ 45°

★　★　★

1 ▸ ㋐ 75°　㋑ 135°　㋒ 105°
㋓ 15°　㋔ 30°
2 ▸ ㋐ 90°　㋑ 150°　㋒ 210°
㋓ 105°　㋔ 135°

8
17・18ページ

1 ▸ ❶ 垂直　❷ 平行　❸ 等しく
❹ 交わり　❺ 等しい
2 ▸ ❶ 直線㋓　　❷ 直線㋒

★　★　★

1 ▸ ❶ ㋒と㋔　　❷ ㋐と㋓
2 ▸

3 ▸ ❶ 60°　　❷ 120°

9
19・20ページ

1 ▸ ❶ 平行四辺形、ひし形、
長方形、正方形
❷ 長方形、正方形

❸ ひし形、正方形

❷ ❶ 70° ❷ 8cm

❸ ❶ 対角線 ❷ 2本

★ ★ ★

❶ ❶ 等しく、等しく

❷ 平行、等しく

❷ ❶ 65° ❷ 6cm

❸ ❶ ㋐、㋓ ❷ ㋐、㋒

10 21・22ページ

❶ 1.23＋2.14＝3.37 答え 3.37L

❷ 0.72＋0.8＝1.52 答え 1.52kg

❸ 1.89－0.72＝1.17 答え 1.17L

❹ 2.91－1.78＝1.13 答え 1.13m

★ ★ ★

❶ 1.58＋2.6＝4.18 答え 4.18L

❷ 1.25＋0.328＝1.578

答え 1.578km

❸ 2－1.42＝0.58 答え 0.58m

❹ 1.67－0.455＝1.215

答え 1.215km

11 23・24ページ

❶ 1.52＋0.41＝1.93

1.93－1.2＝0.73 答え 0.73L

❷ 0.44＋0.44＝0.88

3.98－0.88＝3.1 答え 3.1m

❸ 1.25－0.98＝0.27

0.27＋0.35＝0.62 答え 0.62L

❹ 1.42＋0.6＝2.02

2.02－1.3＝0.72 答え 0.72kg

★ ★ ★

❶ 1.97－0.525＝1.445

1.445＋0.83＝2.275

答え 2.275kg

❷ 1.27－0.18＝1.09

1.09＋0.55＝1.64

答え 1.64m

❸ ❶ 1.34＋1.34＝2.68

9－2.68＝6.32

答え 6.32m

❷ 6.32＋1.88＝8.2

9－8.2＝0.8 答え 0.8m

12 25・26ページ

❶ 80÷20＝4 答え 4本

❷ 150÷30＝5 答え 5まい

❸ 400÷60＝6 あまり 40

答え 6束

❹ 650÷90＝7 あまり 20

答え 7こ

★ ★ ★

❶ 810÷90＝9 答え 9人

❷ 260÷30＝8 あまり 20

答え 8 こになって、20 こあまる。

❸ 250÷40＝6 あまり 10

答え 6 つになって、10 さつあまる。

❹ 370÷40＝9 あまり 10

9＋1＝10 答え 10箱

13 27・28ページ

❶ 88÷22＝4 答え 4人

❷ 72÷12＝6 答え 6箱

❸ 204÷34＝6 答え 6箱

❹ 288÷32＝9 答え 9まい

★ ★ ★

1 $630 \div 35 = 18$　　答え 18 円

2 $832 \div 52 = 16$　　答え 16 回

3 $1692 \div 36 = 47$　　答え 47 こ

4 $3780 \div 12 = 315$　答え 315 円

14
29・30ページ

1 $76 \div 24 = 3$ あまり 4

　答え 3 ふくろできて、4 こあまる。

2 $95 \div 13 = 7$ あまり 4

　答え 7 本になって、4 本あまる。

3 $390 \div 76 = 5$ あまり 10

　答え 5 本できて、10cm あまる。

4 $655 \div 86 = 7$ あまり 53

　答え 7 箱できて、53 こあまる。

★　★　★

1 $92 \div 12 = 7$ あまり 8

　答え 7 人に配れて、8 まいあまる。

2 $89 \div 11 = 8$ あまり 1

　答え 8 ふくろできて、1 こあまる。

3 $927 \div 25 = 37$ あまり 2

　答え 37 本できて、2cm あまる。

4 $843 \div 38 = 22$ あまり 7

　　　　　　　　　答え 7 人

15
31・32ページ

1 $350 \div 5 = 70$　　$320 \div 4 = 80$

　$80 - 70 = 10$　　答え 10 円

2 $1000 - 730 = 270$

　$270 \div 9 = 30$　　答え 30 円

3 $50 \times 18 = 900$

　$900 \div 4 = 225$　答え 225 まい

4 $82 \times 12 = 984$

　$984 \div 8 = 123$　答え 123 円

★　★　★

1 $940 - 12 = 928$

　$928 \div 16 = 58$　　　答え 58

2 $54 \times 12 + 24 = 672$

　$672 \div 28 = 24$　　　答え 24

3 $1060 - 100 = 960$

　$960 \div 12 = 80$　　　答え 80 円

4 $90 \times 12 = 1080$

　$1800 - 1080 = 720$

　$720 \div 12 = 60$

　または、

　$1800 \div 12 = 150$

　$150 - 90 = 60$　　　答え 60 円

16
33・34ページ

1 $125 \div 25 = 5$　　　　答え 5 倍

2 $85 \times 5 = 425$　　　　答え 425 円

3 $440 \div 8 = 55$　　　　答え 55cm

4 $40 \div 10 = 4$

　$15 \times 4 = 60$　　　　答え 60cm

★　★　★

1 $1904 \div 112 = 17$　　答え 17 倍

2 $2871 \div 99 = 29$　　答え 29kg

3 ❶ $240 \div 3 = 80$　　答え 80 円

　❷ $80 \times 2 = 160$　　答え 160 円

17
35・36ページ

1 ❶ 和、差　　❷ 積、商

2 ❶ 75　❷ 4　❸ 15　❹ 5

3 $1000 - (720 + 150) = 130$

　　　　　　　　　答え 130 円

4 $60 \times 7 + 85 \times 6 = 930$

　　　　　　　　　答え 930 円

★ ★ ★

1 $6×98=6×(100−2)$
$=6×100−6×2=588$

答え 588g

2 $(1000−100)÷75=12$

答え 12こ

3 $(35−15)×5=100$

答え 100ページ

18

37・38ページ

1 北市 約184万人
東市 約36万人
南市 約132万人
西市 約48万人

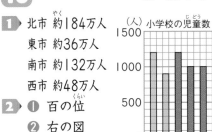

2 ❶ 百の位
❷ 右の図

★ ★ ★

1 940000人

2 7500以上 8499以下
（7500以上 8500未満）

3
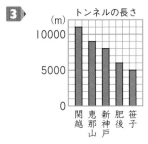

19

39・40ページ

1 ❶ 約15200000人
❷ 約4000000人

2 ❶ 580円　❷ 420円

★ ★ ★

1 ❶

茨城	2990000
栃木	2000000
群馬	2020000
埼玉	6940000
千葉	5930000
神奈川	8490000

❷ 約1550000人

2 ❶ 約4000g　❷ 約700g

20

41・42ページ

1 約400km

2 約60000円

3 約300円

4 約3000まい

★ ★ ★

1 約3000000円

2 約8000000円

3 約400本

4 約2000円

21

43・44ページ

1 $105÷7=15$　　答え 15cm

2 $300÷20=15$　　答え 15m

3 $3×5=15$　　答え 15km²

4 $200×400=80000$

答え 8ha

★ ★ ★

1 $72 \div 4 = 18$
$18 \times 18 = 324$ 答え $324\,\text{cm}^2$

2 $500 \times 500 = 250000$
答え $2500\,\text{a}$、$25\,\text{ha}$

3 $12 \times 5 + (12 - 4) \times 5 + 4 \times 5 = 120$
答え $120\,\text{m}^2$

4 $(22 - 4) \times (40 - 4) = 648$
答え $648\,\text{m}^2$

22

45・46ページ

1 $0.7 \times 8 = 5.6$ 答え $5.6\,\text{kg}$
2 $0.2 \times 14 = 2.8$ 答え $2.8\,\text{L}$
3 $1.3 \times 5 = 6.5$ 答え $6.5\,\text{kg}$
4 $0.18 \times 16 = 2.88$ 答え $2.88\,\text{L}$

★ ★ ★

1 $2.7 \times 8 = 21.6$ 答え $21.6\,\text{m}$
2 $0.9 \times 18 = 16.2$ 答え $16.2\,\text{kg}$
3 $0.65 \times 12 = 7.8$ 答え $7.8\,\text{km}$
4 $9.72 \times (36 - 1) = 340.2$
答え $340.2\,\text{m}$

23

47・48ページ

1 $10.8 \div 6 = 1.8$ 答え $1.8\,\text{dL}$
2 $75.6 \div 9 = 8.4$ 答え 8.4
3 $16.8 \div 12 = 1.4$ 答え $1.4\,\text{m}$
4 $85.8 \div 22 = 3.9$ 答え $3.9\,\text{dL}$

★ ★ ★

1 $43.4 \div 7 = 6.2$ 答え $6.2\,\text{L}$
2 $52.8 \div 8 = 6.6$ 答え $6.6\,\text{km}$
3 $79.2 \div (25 - 1) = 3.3$
答え $3.3\,\text{m}$
4 $24.5 \div 35 = 0.7$ 答え $0.7\,\text{m}$

24

49・50ページ

1 $7.2 \div 2 = 3$ あまり 1.2
答え $1.2\,\text{L}$

2 $29.3 \div 12 = 2$ あまり 5.3
答え 2 本できて、$5.3\,\text{m}$ あまる。

3 $7.54 \div 6 = 1.2\overset{3}{5}\cdots$
答え 約 $1.3\,\text{m}$

4 $58.2 \div 35 = 1.6\overset{7}{6}\cdots$
答え 約 $1.7\,\text{kg}$

★ ★ ★

1 $97.3 \div 14 = 6$ あまり 13.3
答え 6 本できて、$13.3\,\text{cm}$ あまる。

2 $27.7 \div 13 = 2$ あまり 1.7
答え $2\,\text{kg}$、$1.7\,\text{kg}$ あまる。

3 $25 \div 9 = 2.7\overset{8}{7}\cdots$
答え 約 $2.8\,\text{dL}$

4 $35.5 \div 18 = 1.97\overset{8}{2}\cdots$
答え 約 $1.97\,\text{m}$

25

51・52ページ

1 $50 \div 4 = 12.5$ 答え $12.5\,\text{cm}$
2 $27 \div 15 = 1.8$ 答え $1.8\,\text{km}$
3 $1.8 \div 5 = 0.36$ 答え $0.36\,\text{kg}$
4 $17.4 \div 15 = 1.16$
答え $1.16\,\text{kg}$

★ ★ ★

1 $10 \div 8 = 1.25$ 答え $1.25\,\text{m}$
2 $6 \div 5 = 1.2$ 答え $1.2\,\text{kg}$
3 $38.8 \div 8 = 4.85$ 答え $4.85\,\text{kg}$
4 $3.3 \div 12 = 0.275$
答え $0.275\,\text{L}$

26

53・54ページ

1. $60 \div 24 = 2.5$ 答え 2.5 倍
2. $40 \div 16 = 2.5$ 答え 2.5 倍
3. ❶ $6 \div 12 = 0.5$ 答え 0.5 倍
   ❷ $3 \div 12 = 0.25$ 答え 0.25 倍

★ ★ ★

1. ❶ $500 \div 200 = 2.5$

                 答え 2.5 倍

   ❷ $200 \div 500 = 0.4$

                 答え 0.4 倍

2. $90 \div 360 = 0.25$ 答え 0.25 倍
3. $2600 \div 400 = 6.5$ 答え 6.5 倍

27

55・56ページ

1. $\frac{5}{7} + \frac{4}{7} = \frac{9}{7}$ 答え $\frac{9}{7}$L $\left(1\frac{2}{7}$L$\right)$
2. $\frac{4}{6} + \frac{7}{6} = \frac{11}{6}$

         答え $\frac{11}{6}$ 時間 $\left(1\frac{5}{6}$ 時間$\right)$

3. $1\frac{3}{8} + \frac{6}{8} = 2\frac{1}{8}$

         答え $2\frac{1}{8}$ 時間 $\left(\frac{17}{8}$ 時間$\right)$

4. $2\frac{1}{4} + 1\frac{2}{4} = 3\frac{3}{4}$

         答え $3\frac{3}{4}$km $\left(\frac{15}{4}$ km$\right)$

★ ★ ★

1. $\frac{2}{5} + \frac{4}{5} = \frac{6}{5}$ 答え $\frac{6}{5}$m $\left(1\frac{1}{5}$m$\right)$
2. $1\frac{5}{8} + \frac{11}{8} = 3$ 答え 3km

3. $1\frac{2}{6} + 1\frac{5}{6} = 3\frac{1}{6}$

         答え $3\frac{1}{6}$L $\left(\frac{19}{6}$L$\right)$

4. $\frac{3}{4} + 2 + \frac{7}{4} = \frac{18}{4}$

         答え $\frac{18}{4}$kg $\left(4\frac{2}{4}$kg$\right)$

28

57・58ページ

1. $\frac{5}{4} - \frac{1}{4} = 1$ 答え 1 L
2. $\frac{18}{5} - \frac{11}{5} = \frac{7}{5}$ 答え $\frac{7}{5}$m $\left(1\frac{2}{5}$m$\right)$
3. $2\frac{6}{7} - \frac{4}{7} = 2\frac{2}{7}$

         答え $2\frac{2}{7}$m $\left(\frac{16}{7}$ m$\right)$

4. $1\frac{5}{6} - \frac{8}{6} = \frac{3}{6}$

         答え りんごジュースが $\frac{3}{6}$L 多い。

★ ★ ★

1. $\frac{15}{6} - \frac{7}{6} = \frac{8}{6}$

         答え $\frac{8}{6}$ 時間 $\left(1\frac{2}{6}$ 時間$\right)$

2. $1\frac{4}{10} - \frac{11}{10} = \frac{3}{10}$ 答え $\frac{3}{10}$km
3. $4\frac{1}{6} - 1\frac{3}{6} = 2\frac{4}{6}$

         答え $2\frac{4}{6}$kg $\left(\frac{16}{6}$kg$\right)$

4. $3\frac{1}{8} - 1\frac{5}{8} - \frac{7}{8} = \frac{5}{8}$ 答え $\frac{5}{8}$L

1 ❶

たて (cm)	1	2	3	4	5	6	7
横 (cm)	7	6	5	4	3	2	1
面積 (cm²)	7	12	15	16	15	12	7

❷ たてが 4 cm、横が 4 cm

2 ❶ 1 へる。

❷ □＋○＝7
（□＝7－○ または ○＝7－□）

★ ★ ★

1 ❶ 6 こ

❷ 3 こ

❸ 27 こ

❹ （□－1）×3＝○
または、3×（□－1）＝○

1 ❶ 辺 AB、辺 AE、辺 CD、
辺 DH

❷ 辺 DH、辺 EH、辺 CG、
辺 FG

❸ 辺 AE、辺 DH、辺 CG

❹ 面 ⊙、面 ⊙、面 ⊙、面 ⊙

❺ 面 ⊙

❻ 面 ⊙、面 ⊙、面 ⊙、面 ⊙

❼ 面 ⊙

★ ★ ★

1 ❶ 面 ⊙

❷ 面 ⊙、面 ⊙、面 ⊙、面 ⊙

❸ 面 ⊙、面 ⊙

2 （例）

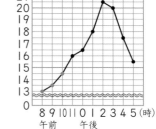

3 15×4＋20×2＋25×2＋10
＝160   答え 160 cm

1 ❶ 2   ❷ 一兆の位

2 825÷15＝55   答え 55 まい

3 ❶ 3.12÷13＝0.24
答え 0.24 dL

❷ 3.12＋4.8＝7.92
答え 7.92 dL

4 216÷12＝18   答え 18 m

1 ❶ 25 人   ❷ 7 人

2

気温の変わり方

（縦軸：度 13〜21、横軸：午前 8 9 10 11 0 1 2 3 4 5 午後（時））

3 ❶ 145°   ❷ 45°

❸ 70°

3 2 1 0 9 8 7 6 5 4
＊ ＊ D C B A